画说
生产安全
100例丛书

企业生产安全习惯性违章100例

谢英晖
杜邦可持续解决方案

编著

中国工人出版社

前　言

物的不安全状态与人的不安全行为是导致事故发生的主要原因，也就是我们通常所说的事故隐患，人的不安全行为中习惯性违章又占了相当大的比例。习惯性违章是指违反安全管理制度或安全操作规程，固守不良作业方式和工作习惯的行为，既包括习惯性违章作业，也包括习惯性违章指挥。习惯性违章具有顽固性、多发性、传承性、麻痹性和排斥性等特点，一直是企业安全生产工作中的重点和难点。

习惯性违章的根源是一些员工对于作业安全的相关知识、技能有所了解，但并不充分、全面和准确，没有估计到习惯性违章导致事故发生的可能性及后果的严重性，从而在作业中麻痹大意、心存侥幸，对于他人正确的意见也不以为然甚至抵触抗拒。

有些培训教育对于纠正习惯性违章效果不佳，关键在于内容不够生动形象，不能在大脑里形成长久的记忆，所以我们策划了这本漫画加文字说明形式的《企业生产安全习惯性违章 100 例》。漫画是为了帮助读者理解案例而创作，与文字说明中的内容并无必然联系。书中 100 个例子，选取的是实际工作中常见、有代表性、后果相对严重以及容易被忽视的习惯性违章案例，针对这些违章案例，我们既讲述了可能带来的事故后果，也解释了什么才是正确的做法，以便于一线员工阅读的角度出发，文字表述上力求简洁清晰，不过多展开。

纠正习惯性违章需要从改变潜意识入手，人的行为深受潜意识的影响，所谓习惯正是潜意识的自然体现。美国著名习惯研究专家詹姆斯·克莱尔提出养成习惯的过程可以分为揭示、渴求、反应和奖励四个步骤。培养习惯的四大定律是让它显而易见、让它有吸引力、让它简便易行和让它令人愉悦，这些在纠正习惯性违章中可供学习借鉴。

每一个人都是独一无二的，每一位员工在自己亲人心里都是不可替代的，希望本书能够提高员工自我保护的意识和能力，同事之间相互提醒、相互关照，不伤害自己、不伤害他人、不被他人伤害。

由于编者学识水平的局限，书中必有错漏不当之处，敬请各位读者批评指正。

谢英晖

2022 年 4 月 19 日

目录
CONTENTS

上 篇 通用性生产安全习惯性违章案例

下 篇 部分行业生产安全习惯性违章案例

上　篇

通用性生产安全习惯性违章案例

在安全条件不具备的情况下，强令员工冒险作业

在没有安装生命线，没有合适的安全带锚点的情况下，主管安排员工爬到槽罐车顶部进行取样作业。在不具备坠落防护条件的情况下，员工一旦意外滑落，会造成严重伤害。

正 | 确 | 做 | 法 |

主管在指挥人员作业前，应针对作业进行安全分析，落实安全防护措施。

员工应主动识别作业风险，有权拒绝违章指挥。

002 /

审批签发动火作业许可证时未严格把关

主管图省事，在审批动火作业许可证时没有到现场核实各项作业风险和管控措施，没有确认附近的交叉作业，没有确认现场监护人员对现场工作的理解。这种放任不管的态度，使得作业人员把工作进度置于安全之上，导致安全方面考虑不周，安全措施不到位，以致发生严重事故。

正｜确｜做｜法｜

各级管理人员应认真履行作业许可证的审批职责，到现场查看风险情况和管控措施落实情况，与作业和监护人员交流，确认其对于作业步骤、作业风险和应急措施的理解。

在各项作业进行期间，相关管理人员应随时抽查作业许可证相关措施就位的情况，确保相关人员按照计划执行。

003 /

发生事故后不采取必要措施，继续冒险作业

　　叉车在拥挤的车间发生了剐蹭货物的事故，但主管没有按照"四不放过"的原则进行事故分析并采取必要的整改措施，结果在车间发生了更严重的撞人事故。

正 | 确 | 做 | 法 |

　　一旦有事故发生，管理人员应先停下相关高危作业活动，然后进行事故原因分析，制定相应的纠正预防措施，并确保这些整改措施落实到位，相关岗位的员工都吸取了事故教训。在这些工作完成的基础上才可以继续进行相关的高危作业。

004 /

未对访客进行入厂安全教育，
进入车间也无人员陪同

　　某工厂访客进入工厂时没有接受入厂安全教育，访客进入车间时也无人员陪同，访客可以随意出入不同车间。一旦发生意外，访客无法正确应对。

正 | 确 | 做 | 法 |

　　访客首次进入工厂时，应接受入厂安全教育，知晓在工厂工作时的安全注意事项、应急逃生路线、紧急集合点等，如果涉及特殊作业，应接受更多相关专业培训。

　　访客在进入车间时需要属地人员陪同，访客在进入车间之前，属地人员应把车间的相关危害信息、个人防护用品要求、防火要求等告知访客。

　　访客应严格遵守属地的个人防护要求，发生事故时，按照属地的指示和既定路线逃生。

005 /

无视严禁吸烟的要求，擅自在厂内吸烟

　　某工厂仓库后门处，几名工人在一边聊天一边吸烟，而仓库后门旁边清楚地张贴了"严禁烟火"的标识，这些人员对这一标识视而不见。

正|确|做|法|

　　这是严重违反公司安全规定的做法，是触犯公司安全管理底线的行为，对待这类行为应该秉持着"零容忍"的态度。

　　公司应在入场培训、安全规章制度中明确这一要求，并告知员工违反这一要求会带来的后果和公司会采取的措施。

006 /

对频繁的报警视而不见或直接屏蔽

某工厂 DCS 中控室频繁报警，内操员对此习以为常，未采取任何措施。报警反映了工作异常，需要进行适当响应，否则事故隐患可能会转化为事故。

正 | 确 | 做 | 法 |

报警意味着不正常现象正在发生，如果放任此不正常现象继续发展，则可能酿成严重事故。内操员遇到报警后应马上查明报警原因，如果自己解决不了，应寻求帮助。

工厂应划分报警的优先级，列明发生报警时明确的应对措施；定期对报警进行分析，设定报警管理的 KPI 指标。避免控制室里长时间存在不间断的报警，操作员不得不经常进行确认，或者干脆屏蔽掉，导致错过关键报警而发生严重生产事故的情况。

007 /

使用非标准容器盛装化学溶剂且不做正确标识

　　某员工使用矿泉水瓶来装化学溶剂，并且仅用油性笔在矿泉水瓶上写了"清洗剂"三个字，如果被人误用，会导致意外伤害或事故。

正 | 确 | 做 | 法 |

　　应当杜绝使用日用品容器盛装化学品的行为。

　　要使用公司批准的容器来盛装化学品，该容器应该与内容物不发生化学反应。

　　任何盛放化学品的包装容器外，都应该贴有化学品安全标签，尤其是当化学品为危险化学品时，标签上应该有警示标识。

008 /

进入施工现场未佩戴安全帽

　　某施工人员进入作业现场，对于作业现场的"必须佩戴安全帽"的标识视而不见，没有佩戴安全帽就直接进入。他觉得他很快就会出来，不戴也没事，存在侥幸心理。

正 | 确 | 做 | 法 |

　　《安全生产法》要求劳动者要遵守单位的安全生产规章制度和操作规程，服从管理，正确佩戴和使用劳动防护用品。

　　施工作业现场对于员工的这种不安全行为应当用"零容忍"的态度去对待，该施工人员必须遵守施工现场的各类安全标识的要求。

　　当看到这样的行为发生时，施工现场管理人员以及施工作业的同伴都有义务去提醒和纠正这位不佩戴安全帽的人员。

009 /

员工未按照厂区规定的线路行驶

　　某工厂厂区面积大，交通繁忙，为了确保行人、司机的驾驶安全，该工厂对厂区道路进行了详细的规划，并采用画线的方法标出了人行通道和车行通道。一些员工无视这些画线标识，在厂区内随意穿行，按照自己方便的、习惯的路线行驶，经常发生人员与行驶的车辆交会的现象。

正|确|做|法|

　　员工应按照厂区规定的线路行驶。

　　属地人员发现有员工不按照规定执行时，应该指出并予以纠正。

　　公司应对经常发生的此类不安全行为，进行宣传教育，强化安全行为。

010 /

上下楼梯未扶扶手

　　某员工下夜班后，从更衣室的通道楼梯上下行，在走过楼梯最后两个台阶的时候，清洁工正好上楼梯走向更衣室。于是该员工放弃扶扶手并让清洁工先通过，在此过程中她没有停止下楼梯，一不小心摔倒了，并扭伤了脚腕。

正|确|做|法|

　　上下楼梯应扶扶手，并观察是否在上下楼梯时存在多人"相会"的情况。如有，应该在中间楼梯平台处礼让，避免在上下楼梯过程中"相会"。

011 /

在工作现场未佩戴安全防护眼镜

　　某员工在倾倒一桶 18 升的废料进废料斗时，溅起的废料进入了他的左眼。当时他未佩戴安全防护眼镜，之后虽然用洗眼器洗了眼睛，但还是造成了他的眼睛红肿发炎。

正|确|做|法|

　　作业人员进入可能有金属碎屑或者化学物质溅入眼睛的工作场所时，应严格按照该区域的防护要求佩戴好安全防护眼镜。

012 /

使用人字梯前，未检查工具状态

　　某员工站在人字梯上清洁管道，在他完成作业要下阶梯的过程中失去了平衡，并从 1 米高的地方跌落下来，致使该员工摔断了手腕。事后调查发现，该人字梯防滑脚座状况不佳，缺少一只防滑脚座，因此无法确保作业人员能够安全站立。

正 | 确 | 做 | 法 |

　　作业人员使用人字梯前，应检查其是否处于良好状态。人字梯放置位置应平整坚固，人字梯中间的拉杆必须可靠固定，带电区域不允许使用金属人字梯，人字梯不得放置在门口、通道口和通道拐弯处等。如果必须放置在上述位置时，必须确保门已经上锁或通道上不会突然有人闯入，以免撞倒人字梯。

013 /

作业结束后，未及时清理现场

　　某承包商在作业现场完成施工后，没有对现场的杂物和垃圾进行彻底的清扫，就离开了工作现场，留下一片狼藉。

正 | 确 | 做 | 法 |

　　作业结束后作业方应及时清理现场，清理掉所使用的物料碎屑、垃圾。

　　如果现场进行了动火作业，那么需要在作业结束后的半小时内再回到现场进行回火检查。如果现场遗留可燃废物，在继续进行动火作业时，极有可能引发火灾、爆炸，导致人员伤亡和财产损失。

014 /

擅自穿越警戒区

某工地正在进行高处焊接作业，并在地面拉起警戒带进行警示，有一工人需要穿过该区域到另一侧，为图方便，该工人直接横穿警戒区，且未戴安全帽。

正|确|做|法|

警戒带预示着危险，人员看到警戒带应提高警惕，且不可在未搞清楚现场情况时擅自进入警戒区。

高处焊接作业时，会有高温焊渣掉落，高温焊渣掉落在人员身上会导致烫伤，所以应首先考虑从旁边绕行，如果无法绕行时，可要求暂停焊接作业后再快速通过警戒区。

人员在进入工地时，应该按照要求佩戴合适的个人防护用品。

015 /

施工作业监护人员在监护过程中
长时间玩手机

某施工作业现场正在进行危险施工作业，负责该作业的监护人员则坐在旁边长时间玩手机，偶尔抬头看看作业现场。

正|确|做|法|

监护人员要时刻保持"在线"，此"在线"非彼"在线"。

施工现场的状况复杂，时刻可能发生危险情况。当现场出现异常，或作业条件发生变化的时候，极易发生火灾、爆炸、窒息、电击、物体打击等危险事故。设置监护人员就是要及时发现危险并采取相应措施，从而保障作业人员的安全。

作业过程中，监护人员应当认真监督检查、制止违章；及时发现隐患并合理处置；遇到突发险情，果断应急。

016 /

作业时，氧气瓶和乙炔瓶间距小于 5 米

使用氧气和乙炔切割时，如果不清除周围可燃物，极易导致火灾发生，且氧气和乙炔使用间距过近或摆放不规范易造成意外泄漏，导致发生爆炸事故。

正 | 确 | 做 | 法 |

开工前必须清理场地，保证焊接点 5 米内无易燃物。

气瓶与明火距离一般不得少于 10 米，氧气瓶、乙炔瓶距离大于 5 米。

氧气瓶、乙炔瓶放置时要保持直立，并使用防倒措施将气瓶固定。

夏季，对气瓶应有防晒措施，保证瓶温不超过 40 摄氏度。

017 /

未使用专用运输工具运送气瓶

某工厂的施工现场，承包商使用小手推车运送氩气瓶，气瓶无法固定，难以平衡，非常不安全。

正 | 确 | 做 | 法 |

施工现场应配备专用的气瓶运输工具。

气瓶在运输期间，应不易滚动，且气瓶是盖好瓶帽的。

018 /

电焊机未接地

作业人员使用电焊机时，未进行接地保护；电缆线破损，焊接电缆与电焊机连接时没有可靠的屏护，容易造成人员触电事故发生。

正|确|做|法|

电焊机使用前必须接地，这样可使设备与大地构成回路，当人体接触电焊机时，电流不会通过人体，也就防止了触电事故的发生。

019 /

现场施工人员代签作业许可证后就随意开工

　　某施工人员为了能尽快完成切割工作，在填写完作业许可证后，就把许可证上相应的监护人、批准人的名字都代签上了，随即就开始了切割工作，而没有真正获得监护人、批准人本人的签字。

正 | 确 | 做 | 法 |

　　这属于严重的违纪违规行为，作业许可证的各项内容必须按要求填写，严禁代签。

　　业主在培训员工和承包商时，应着重强调填写作业许可证的严肃性，以及代签会带来的后果和需要承担的责任。

　　作业前，属地人员要对作业人员进行风险告知和安全交底，组织工作前进行安全分析（JSA）并根据分析内容落实防护措施。

　　属地人员应去落实制定的现场安全措施与现场实际的符合性。

无动火作业许可证就进行动火作业

某工厂车间内在进行动火作业，却没有动火作业许可证。

正 | 确 | 做 | 法 |

严格落实《作业许可证制度》，施工前，须由属地人员、施工单位、监护人员共同对施工现场进行检查，确认各项安全措施已落实、作业条件已具备、安全交底已完成，并在作业许可证上签字后，方可开始工作。

施工过程中，监护人应时刻留在现场，属地人员需到现场检查施工作业条件是否出现变化，如有变化，应及时修改补充作业许可证，确保施工的安全顺利进行。

021 /

动火作业许可证完工时间造假

某工厂的施工现场正在开展动火作业，安全人员前往现场进行检查时发现，该动火作业尚未完成，然而作业许可证上的完工时间已经被人填写完毕了。

正|确|做|法|

这是严重的违规行为，员工之所以这样做，是觉得作业许可证超过了有效期还要再重新签署，嫌麻烦，想要走捷径。

作业许可证制度本身就是为了防范现场工作风险而制定的，作业许可证上填写的内容应该真实地反映现场的实际情况，这样才能确保有效地进行风险管控。工作现场的环境和风险因素时刻都有可能发生变化，作业人员应知晓许可证有效期的含义所在，不能贪图省事而走捷径。

022

动火作业现场未配备足够的应急设施

某工厂的施工现场正在进行动火作业，然而，施工现场没有配备必要数量的灭火器就开始了动火作业。

正|确|做|法|

1. 动火作业开始前，施工方应清除动火作业现场及周围的易燃物品，采取有效的防火措施，配备消防器材满足现场的防火需求，如灭火器、水管、铁锹、沙子等。

2. 动火作业许可证的签发人员应该到现场实地确认上述措施都落实到位之后，再签发许可证。

3. 现场应有专门的监火人员，监火人员应该熟悉现场环境，检查确认安全措施落实到位，动火人员具备应急技能，随时与现场工作人员保持联系，随时扑灭现场飞溅的火花，发现异常立即通知动火人员停止作业。

023 /

进行动火作业时，未进行可燃气体检测

　　某公司承包商在污水池区域进行污水提升泵夹套伴热动改施工作业，并按照公司要求开具了相关的作业许可证，但在开具许可证过程中，并未辨识出污水池内含有可燃气体这一风险，所以也未有效封堵污水池盖板，未进行可燃气体检测。

　　施工人员张某在焊接伴热线预制件与蒸汽管线之间的焊口时，污水池内油气与空气混合气体遇焊接明火爆炸，导致一名作业人员死亡。

正 | 确 | 做 | 法 |

　　作业前，属地人员要对作业人员开展风险告知和安全交底，组织工作前的安全分析（JSA）并根据分析内容落实防护措施。

　　属地人员落实制定的现场安全措施与现场实际的符合性。

　　每日动火前均应进行有效的动火分析，检测点要有代表性，动火分析及动火作业时间不超过 30 分钟。

024 /

动土挖掘前，未审查地下管路信息

某施工队伍在没有弄清楚地下管路的信息时，就开始使用抓斗机械工具开挖，导致地下光纤遭到破坏。

正 | 确 | 做 | 法 |

动土作业开始前，施工方应保证现场相关人员拥有最新的地下设施布置图，明确标注地下设施的位置、走向及可能存在的危害，必要时可采用探测设备进行探测。

在动土作业开始前，施工方需要与相关部门确认以下事项：

1. 是否有电力电缆，保护措施是否已落实。

2. 是否有电信电缆，保护措施是否已落实。

3. 是否有地下水供排水管线，保护措施是否已落实。

4. 审查地上、地下施工图，落实地上、地下设施保护措施。

5. 确保按照施工方案图画线施工。

动土作业临近地下隐蔽设施时，应轻轻挖掘，禁止使用抓斗等机械工具。

025 /

路面深坑周围未设置防护及提示

某工厂铺设地下管网时，在路的一边挖了一道深坑，坑周围没有任何防护及提示信息，这条路是工厂的主干道，有很多人通行。

正 | 确 | 做 | 法 |

施工方应在挖开的深坑周围设置防护栏或警示带，并提示人们注意深坑，防止人员因走路不慎跌落深坑。

开挖深度超过2米时，施工方必须在周边设两道牢固护身栏杆，并张挂密目式安全网，夜间应悬挂红灯警示。

当开挖的路面对行车安全有影响时，施工方应在合适的位置设置提示板，提醒车辆绕行。

026 /

动土作业挖掘出来的深基坑，没有进行有效的支撑

　　某施工现场进行动土挖掘作业时，现场挖掘出来的沟槽已经有 5 米左右，但没有设置支撑、挡板，存在极大的坍塌、掩埋风险。

正|确|做|法|

　　动土深度在 6 米以内的作业，为防止作业面发生坍塌，施工方应根据土质特点设置斜坡、台阶、支撑和挡板等保护系统。

　　动土深度超过 6 米所采取的保护系统，应由有资质的人员设计。

　　支撑系统的所有部件应稳固相连，严禁用胶合板制作构件。

　　需确认现场放坡、放线和固壁支撑计划，深基坑作业已制定防塌方固壁保护措施。

　　在拆除固壁支撑时，应自下而上进行；更换支撑时，应先安装，后拆除。

027 ╱

挖掘作业期间，人员站位不正确

某施工工地上，需要在一条挖掘出来的长沟中采用吊装的方式放置一条排污管，有工人为了"迎接"该排污管，在坑内进行作业，同时在沟槽的边缘上，有数名工人在旁边站立、走动。

正｜确｜做｜法｜

人员不应在坑、沟槽内休息，不得在升降、挖掘设备下，或者坑、沟槽上端边缘站立、走动。

当较重设备在靠近坑洞边缘工作时，人员切不可留在坑内。

对坑、槽、井、沟边坡或固壁支撑架应随时检查，特别是在雨雪后和解冻时期，作业人员如发现边坡有裂缝、松疏，或者支撑有折断、走位等异常危险征兆时，应立即停止工作，并采取措施。

028 /

移动有人的梯子

某工厂工人坐在可移动的梯子顶端刷油漆，无监护人员，该工人刷完一处后，需要到另一处继续刷，为图方便，未从梯子上下来，而是喊其他人直接把梯子推到另一处需要刷油漆的地方。

正 | 确 | 做 | 法 |

使用移动式梯子作业时，不得单人作业，必须有专人进行监护和扶持。

作业人员不得站在梯子顶端，梯子的最高两档不得站人，并且不得向外探身，防止重心不稳，梯子倾斜，导致作业人员从梯子上摔下。

梯子上有人时，严禁移动梯子，梯子移动时极易因地面不平等因素产生倾斜，造成事故。当需要移动梯子时，施工人员需从梯子上下来后再移动梯子，待梯子移到位后，再使用梯子继续作业。

029 /

站在坡度较大的屋顶作业，未采取安全措施

　　某工厂因屋顶漏水需要维修，工厂员工擅自爬到坡度较大的屋顶上进行作业，未采取任何安全措施。

正 | 确 | 做 | 法 |

　　员工在屋顶进行作业前应提出申请，由专业部门进行评估，评估后如果可以进行作业的，根据评估的风险采取相应的安全措施，安全措施落实后，方可进行作业。

　　在坡度较大的屋顶作业时，员工需要使用安全带并有可靠挂点；设置踏板防止脚下打滑从屋顶跌落。作业应设置监护人，时刻注意屋顶作业人员及作业周边的状况。

　　对于需要专业资质的维修工作，需交由具备相应资质的施工单位承担，消除事故隐患。

030 /

站在吊篮里工作，未使用安全带

某施工工地工人给墙面刷油漆，由于需要刷油漆的墙面很高，工人站在吊篮里工作，没有系挂安全带，也没有戴半面罩。

正 | 确 | 做 | 法 |

吊篮虽然有护栏，但并不能保障人员的安全，由于吊篮是用吊索悬挂，处于不稳定状态，有可能发生晃动、倾斜甚至翻转，导致人员跌落。所以站在吊篮里工作一定要使用安全带，当发生晃动、倾斜甚至翻转时，安全带可以保护工作人员不会坠落至地面。

油漆对人体有一定的毒害性，作业人员刷油漆时需要佩戴半面罩，防止吸入有毒物质。

031 /

高处作业不设围栏、警示牌和监护人

某员工独自一人架起移动式直爬梯，爬到厂房钢梁处进行设备安装，周围没有警示牌和监护人，如果厂房内车辆经过碰倒直爬梯，该员工会受伤。

正 | 确 | 做 | 法 |

在高处作业的下方区域周围应设置围栏和警示牌，一方面防止高空落物伤到行人，另一方面防止来往车辆干扰作业。员工在高处作业时，地面应有人负责监护，在使用直爬梯上下时，如果直爬梯两端无法固定，需要有人扶住梯子。

032 /

采用错误的方法使用安全带

某工厂的承包商员工在施工过程中进行高处作业，存在安全带低挂高用的现象，并且他佩戴的安全带仅为三点式。

正|确|做|法|

高处作业时，安全带的锚固点应适当、可靠、充足，独立于工作面，遵守高挂低用的原则。应佩戴五点式双大挂钩安全带，安全带不应是高处作业的唯一防护，无法悬挂安全带时应考虑其他防坠落措施。安全带需具备合格证，安全带外观需完好无破损、挂钩可靠。

033 /

高处作业不使用工具袋，或工具材料不绑扎牢固

某施工现场的工人在脚手架上作业完毕后，在爬下脚手架的过程中，没有把作业时使用的扳手等工具装入工具袋，而是直接用手拿着就开始向下攀爬，攀爬期间扳手从高空掉落。

正|确|做|法|

作业人员在高处作业中使用的工具、材料、零件必须装入工具袋，上、下时手中不得持物。

作业人员不准在空中接抛工具、材料及其他物品，易滑动、易滚动的工具和材料放在脚手架上时，应采取措施防止其坠落。

034 /

起吊作业时，重物从人员头顶越过

某施工现场在进行吊装作业，装吊人员在挂钩后未撤离到安全区，附近还有其他人员在施工，起重机吊起重物直接从附近施工人员头顶上方经过，未进行任何提示。

正 | 确 | 做 | 法 |

重物在被吊起后有可能坠落，重物下方如果有人，可能会导致严重后果。

装吊人员在挂钩后应及时站到安全区，再开始起吊重物，所有人员尽量避免站在起重臂回转索及其附近区域内。

当周围有交叉作业时，如果被吊重物需要从交叉作业上方经过，应暂停周围的交叉作业，待起吊作业完成后再开始作业。严禁重物从人员头顶上方经过。

035 ╱

起吊作业歪拉斜吊

　　某工厂进行起吊作业时，起重机未移动到合适位置，吊钩钩住重物后，重物还在倾斜状态就开始起吊重物。将重物放下后，在吊钩仍然钩住重物的情况下就开始调整起重机的位置。

正|确|做|法|

　　起吊重物时，吊钩钢丝绳应保持垂直，禁止吊钩钢丝绳在倾斜状态下去拖动被吊的重物。这会导致重物被吊起后摇摆，重心不稳，重物掉落或与周围建筑物发生碰撞，造成不可预料的事故。

　　在吊钩已挂上但被吊重物尚未提起时，禁止起重机移动位置或做旋转运动。当需要调整位置时，需先把吊钩与被吊重物分开后再调整起重机位置，调整好位置后再开始起吊。

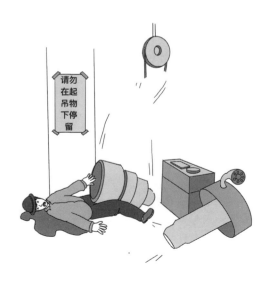

036 /

在起吊物下停留、走动或检查等

在起吊物下停留、走动或检查是机加工行业非常典型的违章行为。因为机加工工件需要进行打磨或检查，员工在没有防护措施的情况下贸然在工件下进行作业，一旦起重机发生移动或脱钩，后果极其严重，甚至会造成人员伤亡的惨剧发生。

正 | 确 | 做 | 法 |

不在起吊物下停留、走动或检查，员工如需检查工件，必须在采取安全措施将物件固定后，方可进行检验作业。

037 /

吊装过程中与人聊天

某建筑工地一名司机在操纵室内操纵汽车起重机，另一名作业人员站在操纵室外与该司机聊天，其间该司机在操纵汽车起重机的主钩和副钩进行空载升降动作，突然副钩坠下，砸到操纵室顶部后再击打到涉事人员的头部，导致该司机当场死亡。

正｜确｜做｜法｜

吊装作业属于高危作业之一，施工方需要严格按照高危作业要求进行管理。

人员必须严格按照吊装的操作规程和吊装方案作业，作业期间不得从事和作业无关的活动。

工作场所中的哪些情况有可能会导致职工头部受伤？
应该如何进行有效的防护？
请扫码观看。

038 /

有限空间作业人员遇到险情时，不具备救援能力的现场人员盲目施救

有限空间作业人员遇到险情时，不具备救援能力的现场人员盲目进行施救，可能会造成更多的人员伤亡。

正 | 确 | 做 | 法 |

有限空间作业开始前，施工方应做好充分的危险源辨识，并为可能发生的紧急情况做好应对准备。这包括应急人员、应急方法以及应急救援设施的准备。

施工方要根据作业方案、应急预案的要求，备齐符合要求的通风、照明、通信、监测和防护装备。

作业前要明确好现场负责人、作业人员、监护人员、紧急救护人员的职责分工。特别是在发现有险情的情况下，需要执行的流程细节，都需要纳入施工作业方案中。

039 /

进入有限空间前未保持通风

　　某承包商正准备拆除已经冷却的干燥装置，该装置配有工业风扇进行通风，同时开启工业风机用于将新鲜空气送进密闭空间，保持正压，避免有毒气体下降，但承包商某作业人员为了加快施工进度，关闭了工业风机等相关设备的电源，未经许可擅自进入炉内。大约 2 分钟后，他感到头晕返回并昏迷在入口处，工地员工将他救出并送到了医院。经过医生抢救，他恢复了生命体征。

正 | 确 | 做 | 法 |

　　严格按照《有限空间作业安全许可证制度》，作业人员进入有限空间前必须做气体检测。

　　必须采用正压或负压通风的方式，始终保持有限空间内的氧气含量符合要求，并需监测氧气浓度、有毒气体浓度和易燃气体浓度。

040 /

进入有限空间作业时，没有准备应急救援装置

　　某工厂员工采用垂直进入的方式进入地下集水坑进行检修，现场签署了必要的作业许可证，并且有监护人在现场工作，但是没有在集水坑上面布置紧急提升装置。

正 | 确 | 做 | 法 |

　　施工方即将进行有限空间作业时，要将可能出现的紧急场景和必要的应急设施准备到位，在作业人员以垂直进入的方式作业时，有限空间的上方应配备有紧急提升装置，以便在作业人员发生任何异常时紧急采取救援措施。

041 /

进入有限空间作业前，没有对内部风险进行全面辨识

　　某工厂员工在清理场内污水沉淀池时，并不知晓淤泥中的硫化氢等有毒气体在抽排水的外力搅拌作用下会逸出，从而发生了中毒窒息事故。

正|确|做|法|

　　企业应该对自己管辖区域内的有限空间做全面的辨识，辨识出潜在的危险因素。

　　在现场工作的一线人员应该接受培训，具备辨识有限空间危险因素的能力。

　　在进行有限空间作业前，施工方应该在开具有限空间作业许可证过程中，对现场可能存在的风险做充分的辨识。

042 /

临时用电接电时，使用沿途的树枝来架空电线

　　某工厂施工现场需要临时接电进行作业，由于施工地点距离电箱较远且需要穿过工厂道路，电工在接电的过程中，直接把电线搭在道路两侧的树枝上。

正 | 确 | 做 | 法 |

　　严禁沿脚手架、树木或其他设施敷设电线。

　　电缆过路应采取架空、埋地等防护措施，埋地深度不小于0.7 米，架空电缆应沿电杆、支架、墙壁敷设，并采用绝缘体固定。

　　硬化地面无法架空、埋地的应穿导管保护，保护管的内径不应小于电缆外径的 1.5 倍或采用专门电缆保护板进行保护。

043

临时用电时，使用不合格插排

某施工现场临时用电时，作业人员使用不合格插排，其额定功率不能满足要求，且其没有配备漏电保护装置，在现场使用时存在漏电、短路起火的风险。

正|确|做|法|

不合格插排禁止在生产现场使用。

044 /

临时用电时，在电线破损的状况下，随意拉线

　　某施工现场进行临时用电作业时，存在电线破损状况，也没有将电线悬空架设，电线在地面被车碾轧，非常危险。

正|确|做|法|

　　施工现场应杜绝这种随意拉线的现象，严禁使用电工胶布粘接电线。

045 /

盲板抽堵作业后，没有进行有效的标识

　　某工厂根据其实际生产需要，使用盲板对某一段易燃溶剂化工管线进行了隔离，而后没有对现场放置盲板的地方进行有效的标识，并且也没有在对应的图纸上标注，导致该重要信息没有有效地交接给下一个班组。这可能会引起不可预知的事故。

正 | 确 | 做 | 法 |

　　工厂在进行这一操作之前，应开具管线打开作业许可证。

　　涉及盲板抽堵作业时，对每个盲板设标牌进行标识，标牌编号要与盲板位置图上的盲板编号一致，生产车间做好记录。

　　属地主管及作业单位负责人必须对相关人员进行作业前的安全告知，使其了解安全作业要求，并签字确认，包括上锁点位置图、盲板位置图，冲洗、清扫方案等内容。

　　管线打开工作交接时，需要双方共同确认工作内容。

046 /

在动火作业现场周围进行管线打开作业

某工厂正在根据其生产需要对某一易燃物料管线进行隔离、清洗和置换。然而，就在旁边 10 米左右的地方，另一伙施工人员正在进行动火作业。

正 | 确 | 做 | 法 |

距管线打开作业地点 30 米内禁止有动火作业。

属地管理者在批准各类作业许可证的时候，应去辨识和分析同一区域内是否存在多个高危作业同时进行的情况，并了解不同施工之间的相互影响和潜在风险，尽可能错峰施工。

047 /

叉车叉齿上货物堆放太高影响司机视线

某员工使用叉车运送货物，为少运几次，叉齿上货物堆放得太高，遮挡了司机的视线，司机在正向行驶的情况下，叉着货物下坡。

正|确|做|法|

作业人员使用叉车时，尽量不要把货物堆放得太高，以免遮挡司机的视线，司机无法看到叉车前方情况，影响安全驾驶。装载货物高度遮挡视线时，应倒向行驶。

装载货物的叉车下坡时，需要倒向行驶。正向行驶时，由于叉齿下倾，货物容易从叉车上滑落，且下坡时叉车重心前移，正向行驶可能导致叉车翻倒。

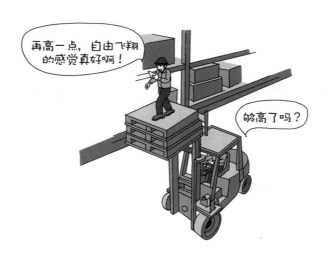

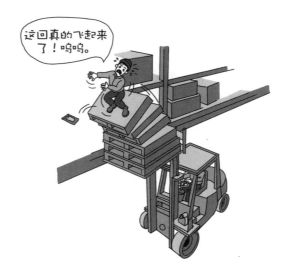

048

使用叉车叉齿举升人员从事高处作业

某工人需要从货架上取货，因货物太高，无法够到，该工人就把叉车开到货架旁，升起叉齿，站在叉车叉齿上取货。

正 | 确 | 做 | 法 |

叉车高举或行驶时，叉齿上严禁站人。叉车属于特种设备，有特定的用途。叉齿较窄且光滑，人员站在上面工作时，很容易因踏空而跌落受伤。人站在叉齿上工作也可能造成叉车重心不稳，导致叉车移位、翻倒等，造成更严重的事故。

即使员工使用了安全带也不可取，这样做会给员工传达错误的信号，那就是安全问题是可以灵活掌握的，是可以适当违规的。

可考虑使用专用的梯子从货架上取货。

049

司机下叉车不熄火且不拉手刹

叉车司机操作叉车向前运送料斗时，发现排放口有粉末泄漏，于是跳出叉车，试图在叉车冲过去之前阻止泄漏。不幸的是叉车未熄火，处于前进挡且没有拉手刹，他被夹在移动叉车和设备之间，该司机因此不幸丧生。

正 | 确 | 做 | 法 |

当叉车司机离开叉车时，叉齿应降至最低，挂进空挡，引擎熄火，拉上手刹，钥匙从车辆上取下。

叉车司机视线受阻

叉车司机正在装载拖车，由于视线受阻，他错走到没有拖车的斜坡，当他发现错误时试图停下叉车但仍从月台的边缘掉落。幸运的是，叉运的吨袋黏土阻挡了叉车下滑并让叉车免于翻滚，该司机没有大碍。

正 | 确 | 做 | 法 |

当叉车司机叉运吨袋或其他会使视线受阻的物料时，应采用倒开车的方法控制车速缓慢行驶。

051 /

作业人员未离叉车 5 米之外

一名承包商站在一辆停着的叉车后面等待一个袋子被装满，叉车倒车时与该承包商发生碰撞，叉车的左后轮轧到了他的右脚，该事故导致承包商脚部骨折。

正|确|做|法|

在叉车 5 米范围内，如有其他作业人员，司机应鸣笛提示相关人员离开后，方可开动叉车。

工作场所中的哪些情况有可能会导致职工脚部受伤？
应该如何进行有效的防护？
请扫码观看。

052 /

将叉车当作升降平台用于人工作业

将叉车用作升降工作平台，安装人工筐和其他设备，进行生产操作和检修、维修等作业。

正 | 确 | 做 | 法 |

禁止将叉车用于人员升降作业。登高作业时应使用专业的升降车，用于人员的升降作业。

053 /

司机在叉车行驶时使用电话或无线电设备

叉车行驶时，司机不能使用电话或无线电设备，因为这会分散叉车司机的注意力，关键时刻会导致叉车误操作，造成财产损失和人员受伤。

正 | 确 | 做 | 法 |

操作叉车时，司机禁止使用手机或无线电设备，以防驾驶时分心，如果要接听电话需要将叉车靠边停车后再接听。

054 /

司机驾驶叉车超速行驶且不系安全带

叉车超速行驶容易发生侧翻，超速行驶时，车辆操作稳定性变差，特别是在厂区弯道处行驶时，由于离心力的作用，易使车辆向回转中心外侧发生侧滑或倾斜，有些司机不习惯系安全带，在这种情况下，经常会被甩出车外，或被侧翻的叉车压伤。

正 | 确 | 做 | 法 |

禁止司机超速和不系安全带驾驶叉车，叉车在厂区内的行驶速度规定如下：厂内主干道限速 20 千米 / 时，支干道限速 10 千米 / 时，危险化学品仓库及生产车间道路限速 5 千米 / 时，室内限速 5 千米 / 时。叉车搬运货物行驶速度不得超过 5 千米 / 时，十字路口、车间门口、库房门口、急转弯等路段不得超过 5 千米 / 时。

055 /

违规使用叉车载人

某工厂员工在驾驶叉车时，两人同时坐在驾驶座位上，并且违规利用叉车来运送长条工字钢。

正|确|做|法|

叉车上禁止载人，禁止两人或多人同时坐在驾驶座位上。

运送长条工字钢时，应使用恰当的运输工具或车辆。

056

检修时先干活后补作业许可证

在管道检修时，某员工未办理作业许可证，就直接在有压力的管道上进行动火焊接，这可能会引发管道爆裂，发生伤亡事故。

正|确|做|法|

员工进行检修工作前必须办理作业许可证，由属地负责人审查批准。

对于高危作业，通过办理作业许可证，可以识别出各类作业风险，在落实安全保护措施后，员工方能进行作业。

057 /

检修易燃易爆介质机泵时，没有置换合格就作业

维修工要将一台甲苯泵拆下更换，在泵体内物料没有置换干净的情况下，拆卸过程中易燃物料会在现场溢出，遇上现场使用的非防爆工具产生的火星，会导致火灾事故。

正|确|做|法|

对机泵进行维修之前，应先由操作人员将内部的工艺介质置换排净，经检查确认后方可进行维修。

对于易燃易爆有毒介质，操作人员置换后应使用仪器对管线内部进行取样分析，确认安全。

在检修时，如涉及易燃易爆介质，操作人员应使用防爆工具。

058 /

配电箱没有安装漏电保护器

维修工在作业前未对工器具、电缆等进行安全检查，未发现使用的电钻电缆存在破损，且使用的配电箱上没有配漏电保护器。作业完成后，维修工回收电缆时，手部接触到电缆破损处导致触电。

正 | 确 | 做 | 法 |

为配电箱安装漏电保护器。做好电动工具日常检查维护。使用前检查确认电动工具及电缆、插头处于完好状态。

059 /

未有效执行上锁挂牌程序

某工人进入车间搅拌机检修故障时，其工友误碰开关，造成已经停止运行的搅拌机启动，将正在其中进行检修的工人搅拌致死。

正|确|做|法|

挂牌上锁是日常设备检修、维修中确保人身和设备安全的一项重要防范措施。维修人员对设备进行维护时，应挂牌上锁以锁住能量源，防止能量意外释放对维护人员造成伤害。

上锁有助于避免因不慎开动设备造成人员伤害或死亡。

操作没有防护的转动设备

　　某工厂女员工在转动设备前工作，转动设备使用皮带进行传动，且传动部分无防护罩，该女员工头发未挽在安全帽里，而是垂在胸前。

正｜确｜做｜法｜

　　员工发现转动设备无防护罩时，应将其作为隐患立即上报，在整改之前应有临时措施（如增加提示）对隐患进行管理，员工应尽可能避免在没有防护罩的转动设备附近工作。

　　当确因工作需要无法避免在没有防护罩的转动设备附近工作时，应经过适当评估，并采取措施确保人员安全，在工作时应把头发、衣物等整理好，避免卷入转动设备。

061

使用砂轮机、磨光机等高速旋转工具时，不戴防护眼镜

使用手持式砂轮机进行打磨作业时，作业人员未佩戴防护眼镜。

正|确|做|法|

作业人员使用砂轮机、磨光机等高速旋转工具进行作业时，在开具作业许可证时就应该进行安全交底，并按要求佩戴防护眼镜。

在开始工作前检查砂轮机、磨光机等工具，确保工具状态完好，且有合格标签。

在工作过程中，属地人员要进行巡回检查，确保安全措施落实，作业人员需正确穿戴个人防护用品。

对屡次不按要求穿戴个人防护用品的作业人员，属地人员应禁止其继续作业，并列入黑名单。

062 /

站在砂轮机片正面作业

员工使用手持式砂轮机进行打磨时，砂轮机片正对着自己或其他人员。

正|确|做|法|

员工使用砂轮机作业时，在开具作业许可证时就应该进行安全交底，明确要求砂轮机片不能正对着自己或其他人员。在开始工作前检查砂轮机，确保其状态完好，且有合格标签。

选择砂轮机作业场地时，附近应无其他作业，或使砂轮机片正对着墙面等无人的地方。

如果附近有交叉作业，砂轮机片不得不正对着作业人员时，应暂停交叉作业。

063

使用没有保护罩的砂轮机进行作业

某施工工地上工人正使用手持式砂轮机进行作业，但是该砂轮机缺失砂轮保护罩。

正 | 确 | 做 | 法 |

相关人员在开具作业许可证时应仔细检查砂轮机，发现砂轮机不符合要求时，应暂停开具作业许可证并要求施工方更换砂轮机，直到更换了完好的砂轮机，并经过检验有了合格标签后才可以开具作业许可证允许作业。

属地人员应加强作业过程中的巡检，禁止没被授权使用的工具用于作业。

064

占用消防通道未申请封路

吊装作业在工厂消防主干道进行时，吊装机械占用消防通道，作业人员未申请封路，工厂其他地方发生事故需要应急救援时，消防车无法通行，耽误救援时间。

正|确|做|法|

因工作需要占用消防通道时应提出封路申请，相关部门应根据情况评估影响，经评估后风险可接受的，开具正式的封路许可并通知受影响的人员，包括属地的员工、公司消防队等。通知受影响人员时，应告知具体的作业类型、持续时间、具体地点等信息，相关人员收到信息后应避开该路段，尤其是公司消防队应评估其他可选择路线。

065 /

使用消火栓的水冲洗地面

作业人员为图方便连接消防水带，使用消火栓的水来冲洗地面，导致其间消防水系统压力不足，一旦现场发生火灾，消防水系统无法及时响应。

正 | 确 | 做 | 法 |

《中华人民共和国消防法》第二十八条明确规定：任何单位、个人不得损坏、挪用或者擅自拆除、停用消防设施、器材。

消火栓和消防水带是应急专用设施，禁止用于其他用途，应确保消火栓和消防水带状态完好，压力足够。

企业在进行相关培训时应强调这一要求，其他人看到消火栓的水被用于其他用途时应立即制止。

066 /

堆放杂物堵塞疏散通道

工厂疏散通道上堆放很多杂物，导致疏散通道堵塞，应急疏散时人员无法通行。

正|确|做|法|

《中华人民共和国消防法》第六十条明确规定：占用、堵塞、封闭疏散通道、安全出口或者有其他妨碍安全疏散行为的，责令改正，处五千元以上五万元以下罚款。

疏散通道应在工厂显眼的位置进行公示，并保持畅通。每栋建筑物内的人员都应该知道最近的疏散通道，通过定期的疏散演练让员工熟悉疏散的要求、最近的疏散通道、集合点等信息。

067 /

在禁烟禁火区域抽烟

某员工在防爆车间抽烟，对"严禁烟火"标志的提示视若无睹，其他员工也没有制止该行为。

正|确|做|法|

防爆车间内可能有易燃、可燃物料，遇到火源会发生火灾或爆炸，造成严重事故。进入防爆车间应消除静电，禁止携带火源，更不能在此区域抽烟，应该严格按照属地管理要求穿戴个人防护用品，属地内人员看到违规行为应立即制止。

访客在进入防爆车间前，应对其进行安全教育，确保访客知晓属地的相关管理要求。

068

应急疏散门被锁死

建筑物内用于人员疏散的门被锁死，需要疏散时发现打不开，人员无法及时疏散，且疏散提示牌也不亮。

正 | 确 | 做 | 法 |

应急疏散门禁止上锁，且在显著位置应有明显标识告知大家此为应急疏散门。企业应该建立应急疏散门的台账，并定期检查，确保应急疏散门随时可用。

发现有杂物堵塞应急疏散门时，企业应及时清理，保障疏散通道畅通无阻。通过定期的疏散演练，使人们熟悉最近的疏散通道。

应急疏散门的开启方向为疏散的方向，发现与此方向不符的情况应立即整改。

069 /

遮挡消火栓

在消火栓前堆放物品，一旦发生火灾，消防人员无法使用被遮挡的消火栓。

正|确|做|法|

《中华人民共和国消防法》第二十八条明确规定：不得埋压、圈占、遮挡消火栓或者占用防火间距。

企业平时应加强员工培训，确保消火栓和其他消防器材存放处的畅通。

下 篇

部分行业生产安全习惯性违章案例

采矿行业

070 /

不走专门设置的过桥通道，随意钻越、跨越带式输送机

　　某些员工为了省事，不愿绕道走专门设置的过桥通道，而是从带式输送机底下钻越，或是从上部跨越。稍有不慎，身体就有可能因被卷入转动部件而夹伤。

正|确|做|法|

　　带式输送机应设置防止输送带跑偏，驱动滚筒打滑，纵向撕裂和溜槽堵塞等情况发生的保护装置，上行带式输送机应设置防止输送带逆转的安全保护装置，下行带式输送机应配备防止超速的安全保护装置。

　　在带式输送机沿线应设紧急联锁停车装置，在驱动、传动和自动拉紧装置的旋转部件周围，应设防护装置。

　　员工应使用安全的过桥通道跨越带式输送机，维修时必须停机上锁，并有专人监护。

071

局部通风机运转前，未检测瓦斯浓度

在矿井内运行的局部通风机停止运转一段时间之后，作业面的瓦斯浓度会上升，如果不先检测瓦斯浓度就启动局部通风机，可能会引发井下瓦斯爆炸。

正 | 确 | 做 | 法 |

局部通风机不得随意停机，严禁无计划停风。

启动局部通风机前，应先检测掘进工作面、停风区、局部通风机及其开关附近 10 米内风流中的瓦斯浓度，当各处瓦斯浓度符合规定时才能启动，超过规定浓度时要立即汇报、处理。

072 /

在巡检抽油机时，未保持安全距离

巡检抽油机时若过于靠近机体，一旦被断脱的部件砸中，或者被旋转的曲柄刮到，或者正遇到部件损坏发生翻机，均可能造成伤害。

正|确|做|法|

人员巡检时，保持在距机体 1 米以外的地方进行检查，并佩戴好安全帽等个人劳动防护用品。

073 /

油水井放空排液时，用管不正确

如果油水井的放空排液管使用软管，或者使用的硬管没有固定，那么在放空压力高的时候，管线会剧烈摆动，易造成人身伤害事故。

正 | 确 | 做 | 法 |

油水井的放空排液管应使用硬管连接，并将硬管用地桩固定。

074 /

自卸卡车，下坡超速行驶

　　某司机驾驶自卸卡车开过矿区边坡的下坡道路时，由于超速行驶冲出护坡，车辆失控侧翻坠入落差达 66 米的深坑，导致司机身体受到致命伤害，并最终窒息身亡。

正 | 确 | 做 | 法 |

　　所有车辆行驶在矿山边坡道路时应严格控制车速，将速度降至 10 千米 / 时以下，以防冲出护坡失控。

075 /

铰接式自卸卡车，车斗未落下就开车

　　某矿区司机使用一辆铰接式自卸卡车转移覆土，在将覆土倾倒在一个斜坡上时，大量的覆土堆积在了卡车尾部，司机在未落斗的情况下就开车，导致卡车的底座和驾驶室翘起脱离地面。卡车的驾驶室最后倒向副驾驶一侧的地面上，车厢仍保持直立状态。

正 | 确 | 做 | 法 |

　　铰接式自卸卡车将覆土倾倒完毕后，司机应检查车厢里面的覆土是否倾倒完毕，如未倾倒完毕，应将车斗落下后缓慢移动一段距离后重复覆土倾倒作业。待覆土倾倒完毕后，必须将车斗落下后方能开车。

076

站在料斗的料堆上进行清堵作业

　　某操作工由于某批物料湿度较大，造成上料机料斗堵塞，遂拿起铁钎违规站在料堆上进行清堵作业。堵料在清堵过程中突然松开下落，操作工随着物料一起跌落到料斗中，操作工身体从胸部往下皆被物料掩埋，因为覆盖物太多没办法自救。幸得当班班长及时发现后，组织人员及时抢救，操作工送医后脱离危险。

正 | 确 | 做 | 法 |

　　作业人员严禁站在料斗的料堆上进行任何生产操作，清理时应站在料斗周边安全稳固的位置，碰到料斗堵塞严重难以清理时，应该与技术人员商量清理方案。

077

将手放在绞车的滑轮和钢丝绳之间

　　某矿区施工现场，所有的承包商员工都需通过楼梯到达各自的工作区域。按照计划，安装工张某的工作区域位于第五层，但是他到达第四层之后就走向了作业现场，他马上意识到这不是他的工作区域，还需要再上一层。当他从安装平台回到楼梯位置时，他的手一直抓在一根钢丝绳上（靠近滑轮的位置）。不幸的是地面上的一位操作人员启动了机器，结果造成张某的右手被挤在滑轮和钢丝绳之间，作为一种条件反射动作——他试图用左手去帮忙松开右手，结果左手食指和中指被截肢（一半多），大拇指（到指甲部位）被截肢。

正 | 确 | 做 | 法 |

　　无论何时都不要将身体的任何部位与运转中或可能运转的机械设备接触，尤其在看见输送皮带、钢丝绳处于静止状态时，要想到这只是暂时停止，随时都有可能重新运转。

冶金行业

预言家啊，还真的燃起来了。

078 /

转炉检修后，未检查炉内进水就摇炉

某钢铁集团有限公司炼钢厂转炉在氧枪检修结束恢复生产的过程中，没有确认炉内进水是否蒸发完毕，就开始摇炉准备冶炼，因而发生高温熔渣喷溅事故，造成 1 人重伤经抢救无效死亡，3 人轻微伤。

正|确|做|法|

转炉内有水时，待水全部蒸发后，方可摇炉。

单位要对职工进行岗前业务培训和安全教育，让职工熟悉有关安全生产的规章制度和安全技术操作规程，掌握本岗位的安全操作技能，增强自我保护意识。

079 ╱

未经许可进入隔离区域

　　某钢铁企业连铸系统扩建期间，一名工人擅自翻越隔离带进入封闭的非施工区域吸烟，掉入区域内的孔洞中，造成严重摔伤，身体多处骨折。

正|确|做|法|

　　施工期间进入非许可区域需要办理相应的许可证，经批准后穿戴必要的劳动防护用品和携带相关的作业工具才能进入。

　　施工人员在作业开始前需要进行完整的三级安全教育，过程中要做到实时监管。

080

钢包砌筑质量把关不严，投用前烘烤不足

　　某炼钢厂一钢包在经过修砌投用后，在真空精炼装置处发生钢包内的钢水泄漏，钢水进入附近液压站引燃液压油进而引发火灾，造成现场操作人员一人死亡，一人严重烧伤。事后经过调查发现，存在钢包修砌质量不合格，投用前烘烤不足等问题。

正|确|做|法|

　　设备检修应该严格按照相关标准执行，且检修结束后需要对检修质量进行确认。钢包投用前需要有专人对内衬烘烤过程进行把关和记录，合格后方能投用。

081

动火作业现场易燃物未清理

某钢铁集团有限公司一号冷轧线在停机检修期间，操作人员进行动火作业引燃作业区域周边易燃物造成突发火情。火灾虽然未造成人员伤亡，但造成了重大财产损失和环境污染。

正|确|做|法|

动火作业属于高危作业之一，操作人员必须在作业前识别所有相关的风险源并有对应的措施，包括清理施工影响范围内的所有易燃物，并取得作业许可证后方可进行作业。

082 /

操作钻床时戴手套且没有保持安全距离

某钢铁公司铁样检验一班化验工兰某戴手套操作钻床，在制取铁样过程中，由于钻样时铁样滑动，手套被钻床卷住，将其左手拇指带入钻头下，造成左手拇指指尖骨头损伤，皮肉撕裂。

正 | 确 | 做 | 法 |

按规定操作钻床时严禁戴手套。铁样缺少夹紧装置，操作过程中易滑动，作业人员用手操作时容易触碰钻床，因此，需要制作铁样工件装夹装置，作业人员用工具夹持进行作业，消除引发事故的因素。

083

轧机运行时，手持工具接触轧辊

某线材车间乙班轧钢工进行轧机换机架和换孔型作业时，在轧机运行状态下，就手持圆钢测辊缝，右臂不慎被绞入轧辊造成右前臂大面积拉伤，右手掌1—4指开放性骨折，并且中指第二关节完全断离。

正|确|做|法|

在没有做好风险评估和保护措施的情况下，禁止任何人用身体的任何部位或延伸物接触转动设备。作业人员应使用非接触式的仪表或量具进行探测，或者停机断电后再进行测量。

084 /

气割时，枪嘴与板材太近造成回火烧伤人员

某炼钢厂连铸车间维修组员工在钢包修砌区域进行切割作业时，由于割具回火氧气管从中间部位崩开，将该员工的衣裤引燃，其用双手扑救，导致自己的双手、双腿内侧不同程度烧伤。

正|确|做|法|

在进行气割作业前，应对割具和氧气管进行认真、全面的安全检查和确认。

在气割过程中，枪嘴与板材要有一定的安全间距，以免钢花溅渣堵住枪嘴，造成回火引燃衣裤。

085 /

未经授权改造锅炉管线

　　某炼钢厂对其锅炉水箱进行了旁路改造，当班的无证司炉工在锅炉房操作时，锅炉余热水箱突然爆炸，爆炸产生的气浪将司炉工掀翻至锅炉房门外 5 米处，导致该司炉工重伤。

正 | 确 | 做 | 法 |

　　锅炉系统属于特种设备，不得随意进行改造。需要改造时要通过相应流程和手续，并经有关部门许可验收后方可投入使用。特种设备的操作人员需取得相应的资质证书后方可上岗。

086 /

在变电所作业未穿戴绝缘防护用品

某炼钢厂机电队维修工孙某，在变电所处理故障时，由于不戴绝缘手套，造成线路短路产生电弧，双手被烧伤，住院治疗三个月，在家休养了一年，无法工作。

正 | 确 | 做 | 法 |

处理带电设备故障时，必须严格按章作业，佩戴好劳动防护用品。

作为持证上岗的电工，理应知晓这些基本操作常识，工作中不能有走捷径的思想。

087 /

进入煤气区域未佩戴空气呼吸器

　　某炼钢厂煤气柜的操作人员在进行取样时，未佩戴空气呼吸器，由于操作位置的阀门有漏点，造成取样期间发生煤气中毒事件。

正|确|做|法|

　　严格执行有毒有害气体取样操作规程，操作人员进行特种作业时应该穿戴合适的防护装备。

　　进入有毒有害气体区域作业前，操作人员应该先进行气体探测，确认安全后方可进入。

危险化学品行业

088 /

随意放置易燃、易爆、有毒、有害废弃物

某工厂维修人员在修理设备时，所佩戴的防护手套上沾染了化学品，该员工修理完设备后把手套取下来随手丢弃在路边，导致安全隐患。

正 | 确 | 做 | 法 |

管理部门可在公司内设置所需数量的临时废弃物回收场所，临时存放位置应标明回收废物种类、管理责任人名称、回收时间等，并妥善管理。

危险废物的最终存放位置由管理责任部门指定。

沾染了化学品的手套属于危险废物，禁止将危险废物和其他废物混合收集、贮存。禁止向未经许可的区域内倾倒、堆放、填埋和排放危险废物。

089 /

易燃溶剂装桶时，员工不按规定使用静电夹

　　某危化品企业员工在进行易燃溶剂装桶操作时，将 4 个铁桶放置在木质托盘上，因为嫌麻烦，没有按照规定使用静电夹夹住铁桶，就进行罐装操作。导致装桶时产生的静电无法导走，极易产生静电释放从而点燃弥散在该环境中的易燃气体。

正 | 确 | 做 | 法 |

　　对员工进行操作培训时，要着重强调必须使用静电夹的要求，并讲明为什么必须使用静电夹，不使用可能带来的后果是什么。其他看到此现象的同事，要通过沟通来帮助该员工纠正不安全行为。

储运危险化学品的车辆在装卸货时，没有固定车轮

储运车辆在装卸货的时候，没有使用三角木来固定车轮。在装货或卸货的过程中，车辆可能发生移动，酿成事故。

正|确|做|法|

1. 访客司机应该遵守工厂对于运输车辆安全措施的要求。

2. 属地接车人员应检查安全措施是否到位，确保无误后，再开始装卸车工作。

091 /

呼吸面罩未得到有效的清洁保养，仍继续使用

　　某化工企业的操作员工在每日使用完呼吸面罩后，未对其进行清洁，有化学品沾染在面罩上，该员工仍然继续使用该面罩。

正|确|做|法|

　　企业应制定面罩更换机制，并让员工知晓在何种情况下必须更换面罩。

　　在为员工发放呼吸防护用品后，应对员工进行教育培训，使其知晓应该如何正确使用、维护和保养呼吸面罩。

092 /

进入易燃易爆场所，未按规定消除静电、携带火种或接打手机

　　某化工厂内多栋建筑物都属于防爆区，但常常看到有员工或访客、承包商在该区域内接打手机，并且在进入防爆区建筑物之前，没有使用建筑物入口处的静电消除器。他们对这些行为都习以为常，不觉得这有什么问题。

　　员工携带火种或非防爆手机进入易燃易爆环境前没有消除身上的静电，或者在易燃易爆环境中接打手机，有可能形成点火源引发火灾甚至爆炸。

正 | 确 | 做 | 法 |

　　在易燃易爆场所内，由于长期存在易燃的液体、气体或粉尘，极易在有点火源出现的情况下，引发火灾。工厂制定的在防爆区内严禁携带火种、严禁接打手机的规定要贯彻执行到底，属地管理者应该对自己管辖范围内出现的不安全行为坚决制止。

建筑施工行业

093 /

使用存在结构性隐患的塔吊

　　某施工现场的塔吊由于缺乏定期的检查、测试、保养，被发现附着框架螺栓松动，连接不紧密，附墙拉杆无止退螺栓，标准节严重锈蚀，钢结构强度降低，存在变形风险。

正 | 确 | 做 | 法 |

　　附着框架应设置在塔身标准节连接处，箍紧塔身，应安排人员定期检查塔身各部件状况，固紧附着框架和附墙拉杆螺栓，标准节及时进行维修与保养，发现腐蚀要及时更换。

094

塔吊安全保护限位装置失效

　　塔吊是建筑工地常见的起重设备，由于长期暴露在室外环境下，导致一些单位对其维保重视程度不够，有时会出现安全保护限位装置失效的情况，这些设备主要包括：起重重量限制器、力矩限制器、小车行程（变幅）限位器、回转限位器、起升高度限位器。起重重量限制器、力矩限制器失效，会造成超载情况下设备不断电；起升高度限位器失效，容易造成吊钩冲顶；起重重量限制器失效，会导致钢丝绳断裂，吊钩、重物坠落伤人；回转限位器失效，主电缆过度扭曲受损，会导致短路断路、触电和操作失控事故的风险。

正 | 确 | 做 | 法 |

　　定期维护、检测各项安全保护限位装置，工作前检查各项安全保护限位装置有效性，确保设备安全有效。每班作业时应做好例行保养，并应做好记录。记录的主要内容包括结构件外观、安全装置、传动机构、连接件、制动器、索具、夹具、吊钩、滑轮、钢丝绳、液位、油位、油压、电源、电压等。

095 /

基坑在不满足开挖条件时开挖

某建筑工地上，基坑已开挖，但基坑周边的挡水墙尚未完成，基坑内排水状况需要改善。现场支撑梁的支撑应力及梁柱沉降监测尚未实施，但现场东南角的基坑排水深坑开挖已使部分支撑梁悬空。

正|确|做|法|

施工单位应尽快完成挡水墙建设，及时排除基坑积水。严格按照方案对相关监测目标进行监测。严格要求施工单位在各项监测全部完成并且结果合格后方可签发开挖许可证。

基坑开挖区域未做防护

现场基坑内，中央通道周边使用警戒线进行警示，尚未形成硬质护栏。基坑开挖区域防护栏杆没有全封闭。现场护坡桩上的护栏下未设置踢脚板。没有设置进出基坑的专用安全通道。

正|确|做|法|

基坑开挖区域应使用硬质防护栏杆防护，设置为全封闭，临边区域安装踢脚板。搭设基坑进出专用通道。

机械制造行业

097 /

进入机械加工车间穿裙装（短裤）、凉鞋

机械加工（以下简称"机加工"）车间生产现场地面可能有水、油、铁屑，作业人员如果不穿防砸、防刺穿的安全鞋容易滑倒或被铁屑划伤，如旁边正好有尖锐零部件很容易造成二次伤害。穿裙装（短裤）对腿部无防护作用，很容易被飞溅的火星、铁屑和尖锐锋利的边角弄伤。

正|确|做|法|

在机加工车间应正确穿戴工作服和防砸、防刺穿的安全鞋，不能穿裙装（短裤）、凉鞋进入车间。

098 /

用砂轮机侧面打磨工件

作业人员使用砂轮机时，用砂轮侧面打磨工件。这会使砂轮变薄，影响砂轮强度，使用者用力过大时，还可能会造成砂轮破碎，甚至伤人。

正 | 确 | 做 | 法 |

只要不是使用的专门的侧面砂轮打磨机，作业人员在打磨工件时应使用砂轮的正面进行打磨作业。打开砂轮机开关后，要等砂轮转动稳定后才能开始工作。

099 /

焊接人员无证上岗

　　某公司楼顶处有多名施工人员正在架设避雷铁塔设备，其中一名员工在工作现场进行电焊作业，恰逢当地应急管理局执法人员前往现场监察，发现该员工未取得特种作业操作证，就从事电焊工作。

正 | 确 | 做 | 法 |

　　焊接与热切割作业属于特种作业，作业人员必须持证上岗。

　　《安全生产法》第三十条规定，生产经营单位的特种作业人员必须按照国家有关规定，经专门的安全作业培训，取得相应资格后，方可上岗作业。

100 /

使用压缩空气吹扫身体

某员工为了方便，使用压缩空气吹扫身体上的灰尘，压缩空气会吹起小颗粒灰屑，这些小颗粒可能被吹进眼睛或皮肤创口，而且大量使用压缩空气会影响仪表总管压力，可能使仪表或阀门误动作而导致事故。

正|确|做|法|

永远不要用压缩空气清洁衣物、头发和身体；永远不要用气管直指任何人，随时注意身边人员不会处在高压气流之下；不要用压缩空气吹扫现场灰尘。

在现场穿戴适当的防护用品，使用压缩空气时一定要佩戴防护眼镜。

图书在版编目（CIP）数据

企业生产安全习惯性违章100例／谢英晖，杜邦可持续解决方案编著. —北京：中国工人出版社，2022.5

ISBN 978-7-5008-7912-1

Ⅰ.①企… Ⅱ.①谢… ②杜… Ⅲ.①工业企业－安全生产－违章作业－案例 Ⅳ.①X931

中国版本图书馆CIP数据核字（2022）第068297号

企业生产安全习惯性违章100例

出　版　人	董　宽	
责 任 编 辑	赵静蕊	
责 任 校 对	张　彦	
责 任 印 制	栾征宇	
出 版 发 行	中国工人出版社	
地　　　址	北京市东城区鼓楼外大街45号　邮编：100120	
网　　　址	http://www.wp-china.com	
电　　　话	（010）62005043（总编室）	
	（010）62005039（印制管理中心）	
	（010）82027810（职工教育分社）	
发 行 热 线	（010）82029051　62383056	
经　　　销	各地书店	
印　　　刷	三河市国英印务有限公司	
开　　　本	880毫米×1230毫米　1/32	
印　　　张	7.125	
字　　　数	143千字	
版　　　次	2022年6月第1版　2024年6月第3次印刷	
定　　　价	39.00元	

本书如有破损、缺页、装订错误，请与本社印制管理中心联系更换